Bibliografische Information der Deutschen Nationalbibliothek:

Die Deutsche Bibliothek verzeichnet diese Publikation in der Deutschen Nationalbibliografie; detaillierte bibliografische Daten sind im Internet über http://dnb.d-nb.de/ abrufbar.

Impressum:

Druck und Bindung: Books on Demand GmbH, Norderstedt Germany
ISBN: 9783668502895

Dieses Buch bei GRIN:

http://www.grin.com/de/e-book/275302/entwicklungspfade-von-high-tech-regionen-das-silicon-valley

Björn Böhringer

Entwicklungspfade von High-Tech-Regionen. Das Silicon Valley

GRIN Verlag

Universität Bayreuth

Lehrstuhl Wirtschaftsgeographie

Seminar zur Wirtschaftsgeographie

im Sommersemester 2014

Referat zum Thema

Entwicklungspfade von High – Tech – Regionen: das Beispiel Silicon Valley

Bearbeiter: Björn Böhringer

6. Fachsemester LA Gymnasium E/Geo

Abgabe: 17.04.2014

Inhaltsverzeichnis

1. Einleitung und Zielsetzung

Das Silicon Valley ist nicht nur ein geographischer Begriff für einen Ort auf der Weltkarte. Es ist hingegen das Mekka aller High – Tech – Unternehmen. Google, eBay, Facebook, Intel und Microsoft sind nur ein kleiner Teil von Wirtschaftsgiganten, die sich hier niedergelassen haben. Der Begriff Silicon Valley wird vor allem mit diesem Wirtschaftssektor verbunden, anstatt mit einer geographischen Bezeichnung und steht sinnbildlich für die rasante Entwicklung des neuen quartären Sektors. Es gibt einige Standorte, die versuchen den Erfolg des Silicon Valleys zu wiederholen. Dies gelingt nur bedingt, da sich das Silicon Valley einen derartigen Marktvorteil erarbeitet hat, dass es für andere Regionen sehr schwer ist zu konkurrieren.

Der quartäre Sektor wurde vor Kurzem erst extra für Dienstleistungsunternehmen, die sich vor allem mit der Sammlung und Weiterverarbeitung von Daten befassen und Firmen in der Halbleiterindustrie geschaffen. Dies ist auch dem rasanten Wachstum und dem steigenden Stellenwert dieser Unternehmen geschuldet.

In dieser Arbeit wird zunächst mit Definitionen begonnen, um die Begriffe High – Tech und High – Tech – Region zu klären. Darauf aufbauend wird sich hauptsächlich mit dem Beispiel des Silicon Valleys beschäftigt. Hierbei wird sowohl auf die Geschichte als auch auf die geographische Lage eingegangen. Danach werden die Faktoren, die für den Erfolg dieser Region Voraussetzung waren betrachtet und als Abschluss dieses Punktes die heutige Lage mit möglichen Problemen betrachtet. Als Abschluss werden die wichtigsten Punkte noch einmal zusammengefasst und ein kurzes Fazit gezogen.

Nach Betrachtung aller Punkte stellten sich zwei Ausgangsfragen: Was ist das Silicon Valley? Aus wirtschaftsgeographischer Sicht die Hauptausgangsfrage für diese Arbeit: Welche Standortfaktoren trugen dazu bei, dass sich im Silicon Valley solch eine Anzahl an High – Tech – Unternehmen ansiedelten?

2. Begriffliche Klärung

2.1. High – Tech

„High – Tech" steht für Technik auf dem neuesten Stand der Entwicklung. Da dies jedoch sehr vage ist und ebenso eine zeitliche Komponente besitzt, herrscht hier starke Unklarheit, was eigentlich noch aktuell beziehungsweise auf dem neuesten Stand ist. Heißt es nicht so schön: „Kauft man sich heute einen Computer, ist dieser morgen schon überholt." Aktuell wird vor allem bei Computern und Elektronikgeräten mit Kleinstbauteilen, wie Widerständen oder Halbleitern, von High – Tech gesprochen.

2.2. High – Tech – Region

„Eine High – Tech – Region zeichnet sich durch einen weit über dem nationalen Durchschnitt liegenden Besatz an Betrieben und Beschäftigten in High – Tech Branchen aus“ (STERNBERG 1994, S. 7).

3. Die Entwicklung des Silicon Valley

3.1. Einordnung in den geographischen Kontext

Das Silicon Valley liegt in Kalifornien an der Westküste der Vereinigten Staaten von Amerika. Es erstreckt sich entlang der San Francisco Bay bis San Jose.

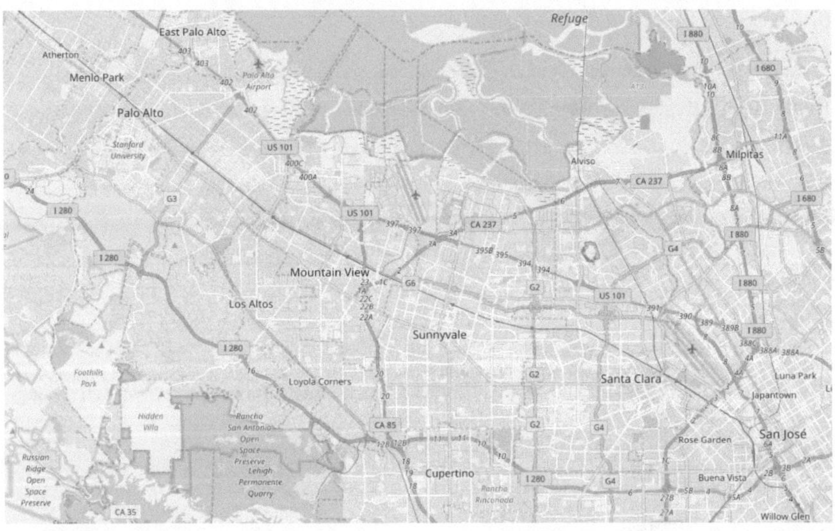

Abbildung 1: Das Silicon Valley, http://www.openstreetmap.org/#map=12/37.3819/-122.0378, © OpenStreetMap-Mitwirkende, CC-BY-SA 2.0 (www.openstreetmap.org/copyright)

Die obige Karte zeigt die Lage des Silicon Valleys im Raum südöstlich von San Francisco. Das Zentrum liegt in der Nähe San Joses. Das Silicon Valley erstreckt sich über die vier kalifornischen Counties Santa Cruz, Alameda, San Mateo und Santa Clara. Innerhalb des Silicon Valleys sind jedoch auch die Einkommen differenziert. Dies liegt daran, dass auch die Unternehmen einzelne Arbeitsschritte an verschiedene Standorte verlagert haben. Südöstlich und im Zentrum von San Jose ist eher das produzierende Gewerbe der Firmen ansässig, was zu einem geringeren Lohn beiträgt. Dies ist darauf zurückzuführen, dass zur Produktion meist eine niedrigere Schulbildung von Nöten ist. Derzeit leben zirka 1,8 Millionen Menschen in diesem Großraum. Davon der größte Teil in San Jose. Geographisch interessant ist ebenfalls, dass diese Region, wie ganz Kalifornien, stark von Erdbeben gefährdet ist. Dies liegt an der San Andreas Verwerfung, da hier die Pazifische und Nordamerikanische Erdplatte eine Transformstörung bilden. Diese beiden Platten gleiten hier aneinander vorbei, während dieses Prozesses kann es zum Verkanten der Platten kommen wodurch enorme Spannungen entstehen können. Dies führte in der Vergangenheit schon häufiger zu schwerwiegenden Erdbeben (vgl. LAUX; THIEME o.J.). Dies zur geographischen Einordnung. Im nachfolgenden Abschnitt wird auf die Geschichte des Silicon Valleys eingegangen.

3.2 Die geschichtliche Entwicklung des Standortes Silicon Valley

Frederick Terman (1900-1982) war Professor an der Stanford Universität in Palo Alto. Die Universität Stanford und Frederick Terman sind sehr stark an der Entwicklung des Silicon Valleys beteiligt. Die Stanford Universität, aber vor allem auch Terman, halfen und ermutigten Studenten der Universität neue Unternehmen in diesem Raum zu gründen. Doch er, der auch „Father of Silicon Valley“ genannt wurde verstand, sich auch darin weitere Maßnahmen zu ergreifen, um das Silicon Valley attraktiv für Firmengründer zu gestalten. Dies führte dazu, dass auch größere, schon etablierte Luftfahrt- und Elektronikindustrie hier ihre Forschungs- und Entwicklungsabteilungen ansiedelten und dadurch wiederum Kapital und auch Arbeitsplätze und Aufträge mit sich brachten (vgl. NUHN 1989: S.258).

Abbildung 2: Lage der Stanford Universität, http://www.openstreetmap.org/way/29268613#map=11/37.5571/-122.0794&layers=H, © OpenStreetMap-Mitwirkende, CC-BY-SA 2.0 (www.openstreetmap.org/copyright)

Terman gründete 1951 den Industriepark von Stanford und schuf somit die Voraussetzungen, um Kapital aus staatlichen Forschungsaufträgen in die Region und an die Universität Stanford zu holen. „Eine wichtige Rolle spielten auch staatliche Forschungs- und Entwicklungsaufträge. Der Aufstieg der High – Tech – Industrie im Silicon Valley wurde entscheidend begünstigt durch die Vergabe von lukrativen Aufträgen seitens der Bundesregierung an die Rüstungs- und Raumfahrtindustrie, die einen Standortschwerpunkt in Kalifornien hatte. Von diesem Industriezweig ging eine starke Nachfrage nach spezialisierten und innovativen Produkten des Elektroniksektors aus, die von den ständig neu entstehenden und höchst flexiblen Kleinbetrieben in idealer Weise bedient werden konnte“ (vgl. LAUX; THIEME o.J.). Durch diesen Einsatz half auch er auch den bis dahin unbekannten Firmengründern Hewlett und Packard sich in dieser Region anzusiedeln und sich als internationales Unternehmen zu etablieren (ebd.). Die Unternehmen siedelten sich rasch an und expandierten sich Richtung Süden nach San Jose. Hauptsächlich waren es junge weiße Männer, die zumeist Absolventen der Stanford Universität oder des Massachusetts Institute for Technology waren, die hier ihre Firmen gründeten. Diese Unternehmen waren Vorreiter in der Halbleitertechnologie, einem neuem Industriezweig, der sich hier konzentrieren sollte (vgl. SAXENIAN 1994a: S.30).

Neu war auch das Erscheinungsbild der Jungunternehmer und ihre Einstellung untereinander. Ihnen war es wichtig sich von den Managern der Ostküste abzuheben. Dies wollten sie aber nicht nur durch ihre Produkte, Firmen oder Ähnliches erreichen, sondern auch durch ihre Kleidung. Der Anzug und Krawatte-Stil der Ostküste war den Neugründern zu strikt. Sie setzten auf legeres Auftreten in Jeans und T-Shirts, was sich auch heute noch im Silicon Valley zeigt. Die Einstellung und der Respekt untereinander ruht auf der „Fairchild Semiconductor Corporation", ein auf Halbleiter spezialisiertes Unternehmen. Da viele der Jungunternehmer vor ihrer Firmengründung bei diesem Unternehmen als Ingenieure tätig waren, kannte und schätzte man sich. Das gilt jedoch nicht nur für die Ingenieure, selbst sondern auch für ihre Frauen, die sich auf Grund des Beschäftigungsverhältnisses ihrer Männer untereinander persönlich sehr gut kannten (vgl. SAXENIAN 1994a: S.30).

Das Silicon Valley dient aber nicht als Sprungbrett zum wirtschaftlichen Erfolg. Es ist eher vergleichbar mit einer Studentenverbindung. Viele Unternehmen, wie HP, verloren die Region nach dem weltweiten Erfolg nicht aus den Augen, sondern begannen, wie auch Frederick Terman, diese Region durch Projekte zu unterstützen. Die hohe Dichte an Unternehmen förderte die Zusammenarbeit. Durch diese Zusammenarbeit kam es zu Kontakten bei denen sich die Unternehmer untereinander austauschen konnten. Dies wurde und wird als wichtiger Teil der Wirtschaft im Silicon Valley angesehen. Aus diesen Kontakten heraus wurden Verbände/Clubs gegründet, unter anderem der „Homebrew Computer Club". Der „Homebrew Computer Club" brachte aus den mehr als 500 Mitgliedern 20 Computerunternehmen hervor. Eines dieser Mitglieder war Steve Jobs, der Gründer von Apple, eines der erfolgreichsten Unternehmen der Welt (vgl. SAXENIAN 1994a: S. 34).

Der Terminus „Silicon Valley" wurde von Don Hoefler eingeführt. Don Hoefler war einer der ersten Beobachter der Entwicklungen im Silicon Valley. Als Journalist schrieb er für die „Electronic News" und führte 1971 den Begriff Silicon Valley ein. Dieser wurde rasch übernommen und steht heutzutage für eine beispiellose Entwicklung einer Region (vgl. SAXENIAN 1994a: S. 31). Was die Gründe für den Erfolg waren, und wie diese Region zu einem so stark boomenden Wirtschaftsstandort wurde, gilt es in dem nächsten Punkt zu erarbeiten.

3.3. Faktoren für den Erfolg des Silicon Valleys

Um Faktoren des Erfolges darzustellen, wird im folgendem die Entwicklung des Silicon Valley in den 1960er und 1970er Jahren betrachtet. Das in dieser Zeit entstandene Wirtschaftsgeflecht bildet die Basis für die einzigartige Entwicklung dieser Region. Dieses wirtschaftliche Netzwerk bildet sich im Wesentlichen aus sieben Komponenten die sich gegenseitig beeinflussen: Geographische Nähe, Zusammenarbeit und Konkurrenz, Homogenität, Infrastruktur, Ausbildung und die Risikobereitschaft von Anlegern.

Begonnen wird mit der geographischen Nähe der Unternehmen. Die geringen Entfernungen zwischen den verschiedenen Firmen und den alternativen Arbeitsplätzen führte zu Konkurrenz, Zusammenarbeit, Kampf um Arbeiter gleichermaßen aber auch zum Fortschritt. Somit war ein Arbeitsplatzwechsel nicht mit einem Wohnortswechsel verbunden, wodurch die Arbeiter sich das beste Angebot auswählen konnten. Interessant ist auch, dass viele von ihnen Start-Ups und kleinere Unternehmen bevorzugten, statt lange bei großen Unternehmen tätig zu sein. Dies ist mit der Herausforderung für und dem Anspruch an die Arbeitssuchenden zu erklären, an „Neuem" mitzuwirken. Wichtig waren für die Ingenieure auch soziale Kontakte und Netzwerke, und Portale in denen sie sich über ihre Arbeit austauschen konnten. Dies führte dazu, dass die Tätigkeit, die sie ausübten, wichtiger war, als das Unternehmen für das sie arbeiteten. Dies lässt sich mit dem modernen Profi-Fußball vergleichen. Für den Fußballer ist es wichtig Fußball spielen zu können und damit Geld zu verdienen. Der Verein stellt hierbei nur die Arbeitsbedingungen. Um der hohen Arbeitsplatzmobilität entgegenzuwirken, mussten die Unternehmen sich neue Wege beschreiten, um Personal an sich zu binden. Bewährte Methoden waren Aktienanteile und Antrittsboni, die an die neuen Mitarbeiter ausgeschüttet wurden (vgl. ANGEL 2000: S.129ff.).

Weiterhin begünstigt diese geographische Nähe den weiteren Faktor Zusammenarbeit parallel gleichzeitig daraus entstehende Konkurrenz (vgl. SAXENIAN 1994a: S. 39). Die Zusammenarbeit bestand vor allem im wechselseitigen Nutzen von Patenten. Das bedeutet, dass Wettbewerber untereinander Patente austauschten, und an diesen weiterforschten. Dies trug maßgeblich zu der raschen Entwicklung bei. Auch waren Joint Ventures im Silicon Valley ein normaler Weg, um profitabel zu arbeiten. Joint Ventures sind Gemeinschaftsunternehmen von eigenständigen Unternehmen (vgl. SAXENIAN 1994a: S.43 & SAXENIAN 1994b).

Die Konkurrenz trieb die Entwicklung in dieser Region dadurch an, dass ein Unternehmen an seinem technischen Fortschritt gemessen wurde, und dadurch mit anderen Unternehmen in Vergleich trat. Problematisch war daran, dass der Druck auf die Mitarbeiter stieg und diese oft

Überstunden leisten mussten. Dies führte zu Erkrankungen, wie Burn-Out oder auch hohem Drogenkonsum (vgl. SAXENIAN 1994a: S.46).

Des Weiteren ist die Homogenität der angesiedelten Unternehmen für den wirtschaftlichen Erfolg des Silicon Valleys zu nennen. Die Spezialisierung der Firmen auf ähnliche Wirtschaftszweige wird die oben genannte Zusammenarbeit verstärkt. Es ist für Start-Up-Unternehmen einfacher hier fußzufassen, da sie sich hierbei von vielen Parteien beraten lassen können.

Diese Homogenität und die geographische Nähe begünstigten wiederum zwei weitere Faktoren, die die Entwicklung im Silicon Valley beschleunigten. Zum einem wurde durch diese Form der Wirtschaftsunternehmen die Infrastruktur beeinflusst. Die Infrastruktur richtete sich genau nach den Anforderungen, die diese Technologieunternehmen stellten. Beispiele hierfür sind Anwälte und Marktforschungsargenturen. Dies führt dazu, dass dieses Geflecht stark symbiotisch miteinander arbeitet. Die Anwälte haben sich vor allem auf Arbeitsverträge und andere Vertragsangelegenheiten spezialisiert, die mit dieser Branche einhergehen. Diese ausgeprägte und speziell angepasste Infrastruktur bietet den optimalen Nährboden für die Technologieindustrie (vgl. SAXENIAN 1994b).

Ein weiterer wichtiger Punkt stellt die Ausbildung in dieser Region dar. Mit der Universität Stanford und der University of California in Bekerly haben sich zwei Universitäten auf die Ausbildung von Ingenieuren spezialisiert. Diese bleiben, wie in den oberen Punkten Geographie bereits erwähnt, in dieser Region und besetzen Arbeitsplätze oder gründen Start-Ups. Die Vielzahl an hochqualifizierten Arbeitskräften half der Region sich nachhaltig weiterzuentwickeln, da es keinen Arbeitskräftemangel gab. Zusätzlich zu den Universitäten lehren sechs weitere Community Colleges, die sich auf Weiterbildungskurse im technischen Sektor spezialisiert hatten. Angestellte hatten folglich die Möglichkeit neben der Arbeit berufsfördernde Weiterbildungen zu besuchen und ihren Wissensstand zu spezialisieren. Dieses Angebot brachte aber auch für die Colleges Vorteile. Sie wurden von den Unternehmen finanziell, aber auch mit technischen Geräten unterstützt. Somit wurden diese Kurse zu optimiert, und an die Entwicklung angepasst. (vgl. SAXENIAN 1994a: S. 46 & SAXENIAN 1994b).

Diese Spezialisierung der Infrastruktur kam vor allem Neu-Unternehmen zugute. Die Industrie für das technische Equipment war bereits ansässig. Somit musste dies nicht mehr selbst hergestellt werden. Dadurch konnten sich die Firmengründer ganz auf ihren Produktzweig fokussieren. Die benötigten Komponenten der Hardware wurden zugekauft. Von diesem Zukauf profitierten wechselseitig auch die Zulieferer.

Eine wesentliche Komponente für die Start-Ups, aber auch für die bereits bestehenden Unternehmen war die hohe Risikobereitschaft der Kapitalmärkte. Die Anleger waren schneller bereit Geld in ein Projekt zu investieren. Diese Verfügbarkeit von Kapital half der Region schneller zu dem wirtschaftlichen Aufstieg. Ein Scheitern eines Projekts war sowohl für die Anleger, als auch für die Ausführenden akzeptabel, und stellte nicht gleichzeitig das Ende des gesamten Unternehmens dar. Es gab weiterhin Möglichkeiten mit einem Projekt Erfolg zu haben. Charakteristisch für diese Region und auch die Investitionen waren, dass frühere Ingenieure und jetzt erfolgreiche Unternehmer den größten Teil der Risiko-Anleger darstellten. Dies bedeutete, dass die Anleger den Neu-Unternehmern Ratschläge gaben, und sie auch bei der Realisierung des Projekts unterstützten. Neben den finanziellen Mitteln wurde auch know-how bereitgehalten. Daneben standen ehemalige Professoren und Berater der Universitäten den Neugründern weiterhin zur Verfügung. Dies alles wurde auch durch die geographische Nähe begünstigt. Das Netzwerk aus Universitäten, Neu-Unternehmern und Kapitalgebern war ein Nährboden für weitere Innovationen. (vgl. KENNEY; FLORIDA 2000: S. 111ff. & SAXENIAN 1994a: S. 39).

Diese Faktoren haben ein starkes Wachstum in der Region des Silicon Valleys bewirkt. Die Reinvestition von Kapital bereits erfolgreicher Unternehmen führte zu einem selbstverstärkenden Prozess. Wichtig ist aber auch der zeitliche Aspekt. Daher soll nun die aktuelle Lage im Silicon Valley betrachtet werden.

3.4. Die heutige Lage

In dem folgenden Abschnitt wird kurz die heutige Lage im Silicon Valley betrachtet und anhand von Problemen dargestellt.

Da die hier ansässige Branche ein sich sehr schnell entwickelnden und sich ständig verändernden Bereich darstellt, ist auch das Silicon Valley einer ständigen Veränderung unterworfen. Die Produktionsstätten von Halbleitern und anderen Hardwarekomponenten wurden wegen zu hoher Lohnkosten ausgelagert. Dies führte zur Aufspaltung großer Firmen. Die wissensintensiven und kundenspezifischen Aufgaben blieben im Silicon Valley bestehen. Zu diesen Verwaltungs- und Büroarbeiten gesellen sich zunehmend Internetdienstleister, wie Google, eBay oder Facebook. Solche Unternehmen stellen derzeit die Wachsenden und vor allem neu entstehenden Firmen im Silicon Valley (vgl. LAUX; THIEME o.J.). Der Bildungsgrad der Bevölkerung liegt hier über dem Durchschnitt Kaliforniens. Dies belegt, dass sich in dieser Region weiterhin hochgebildete Arbeitskräfte niederlassen. Um die aktuelle Lage detaillierter beschreiben zu können, muss sich vor allem mit den Problemen in dieser Region auseinander gesetzt werden. Denn diese Probleme zeigen die Schattenseiten dieser Konzentration von High – Tech – Unternehmen.

Wie in jeder Marktwirtschaft sind die Unternehmen im Silicon Valley abhängig von der Wirtschaftslage. Jedoch ist es problematischer als in anderen Gebieten, da eine „Monostruktur, bei Fehlschlägen auf dem Markt der New Economy eine ganze Region wirtschaftlich gefährden kann“ (KREUS; VON DER RUHREN, S.371). Dies verkörpert eines der größten ökonomischen Probleme dieser Region. Durch die Abhängigkeit von dieser einen Branche kann innerhalb kürzester Zeit ein Großteil der Menschen seinen Job verlieren. Beispielsweise führte die Krise von 2001 bis Mitte 2004 zu einem starken Einbruch der Beschäftigungszahlen (vgl. LAUX; THIEME o.J.). Gleichbedeutend sind die Auswirkungen einer Krise auch im indirekten Verbindungen zu sehen. So bedarf das Netzwerk auch produktfremder Dienstleistungen. Dieser Sektor stellt auch eine große Nachfrage nach verschiedenen Dienstleistungen, wie „ Rechts- und Unternehmensberatung, Marktforschung, Kredit- und Versicherungswesen und Immobilienwirtschaft und auf dem Gebiet von Freizeit, Erholung und Gastronomie“ (ebd.). Dies führt zu einer Verstärkung von wirtschaftlichen Schwankungen.

„Zu den latenten ökonomischen Problemen, denen das Silicon Valley ausgesetzt ist, haben sich in jüngster Vergangenheit unübersehbare Beeinträchtigungen der Lebensqualität hinzugesellt“ (ebd.). Zwar verdienen die Personen, die in dem Technik-Sektor angestellt sind, deutlich mehr als der nationale Durschnitt. Dies gilt jedoch nicht für die Personen, die außerhalb arbeiten. Diese Personen sind vor allem von den steigenden Lebenshaltungskosten betroffen. Vor allem Grundstückspreise und Mieten sind mit dem Wachstum der High – Tech – Unternehmen stark gestiegen (KREUS; VON DER RUHREN 2008, S.370). Vielfach können sich die Normalverdiener, welche in den Dienstleistungsbereichen arbeiten, sich das Leben im Silicon Valley nicht mehr leisten. Um zu überleben, müssen sie diese Region verlassen. Zudem kommt das Problem der Obdachlosigkeit hinzu, da bei einem Arbeitsplatzverlust auch der persönliche Absturz eines Menschen passieren kann. Die Lebensqualität leidet zudem unter dem hohen Verkehrsaufkommen und Umweltproblemen, wie Wasserknappheit (vgl. LAUX; THIEME o.J.). Diese Faktoren zeigen, dass die High – Tech – Branche Fluch gleichermaßen und Segen für die Region ist.

Ein weiteres Problem mit dem das Silicon Valley zu kämpfen hat, ist der entstandene Mangel an qualifizierten Arbeitskräften. Trotz der Nähe zu den zwei Universitäten fehlt es an Absolventen, die in das Profil dieser Branche passen. „Das Problem ist so groß, dass die Technologiebranche im Silicon Valley mittlerweile laut geworden ist und eine Öffnung der Visapolitik fordert. Ohne massive Einwanderung von qualifiziertem Personal sei die Nachhaltigkeit der Branche langfristig nicht gewährleistet" (DELKO 2013). Dies zeigt vor allem, wie wichtig ein ständiger Fluss von neuen Arbeitskräften ist. Wenn dieser nicht gegeben ist, kann sich das Silicon Valley nicht ständig weiterentwickeln. All diese Probleme stellen ein großes Risiko für das weitere Wachstum des Silicon Valleys dar.

4. Zusammenfassung und Fazit

Das Silicon Valley hat aufgrund der geographischen Lage Standortvorteile, die die Entwicklung in dieser Region verstärkten. Zum einem war die Nähe zu den Universitäten hilfreich, zum anderen aber auch die Nähe zu den Unternehmen. Ein wichtiger Faktor für die Entwicklung waren die ständigen Reinvestitionen in dieses Gebiet. Hierdurch konnten sich Start-Ups etablieren und zu internationalen Unternehmen aufsteigen. Durch die Monostruktur der Industrie passten sich letztendlich auch die Dienstleister und die Freizeitangebote an die Anforderungen der Unternehmen an. Das gesamte Netzwerk des Silicon Valleys war überwiegend selbstverstärkend und bot einen idealen Nährboden für Start-Ups, was dazu führte, dass sich derart viele High-Tech-Unternehmen ansiedeln konnten. Dies erklärt den raschen Aufstieg dieser Region und der einzelnen Unternehmen, die sich hier angesiedelt haben.

Jedoch bringt diese Monostruktur nicht nur Vorteile mit sich. Es gilt auch Probleme zu bewältigen, die meistens von ausländischen Reportern nicht gesehen werden, da der wirtschaftliche Erfolg diese meist überdeckt. Nach tieferer Betrachtung fällt auf ,dass es keineswegs ein Selbstläufer ist in dieser Region den wirtschaftlichen Erfolg aufrecht zu erhalten. Denn durch die Monostruktur kann es sehr schnell zu Einbrüchen führen, die sich in allen Marktsektoren dieser Region auswirken, und zu erheblichen Konsequenzen für die Existenz der Menschen führen können.

Alles in Allem ist dieses Wirtschaftsgeflecht einzigartig, und konnte sich lediglich aufgrund der neuen Denkweise und der Zusammenarbeit zwischen den verschiedenen Institutionen entwickeln. Die Entwicklung stößt an ihre Grenzen, da durch die Ansiedlung von Mehr-Verdienern die Lebenshaltungskosten gestiegen sind und dadurch die Entwicklung für die breite Masse gehemmt wird. Daher ist es interessant zu beobachten wie sich die Zukunft des Silicon Valleys gestalten wird, und wie sich das auf die wirtschaftliche Entwicklung dieser Region auswirkt.

Literaturverzeichnis

ANGEL D.P. (2000): High-Technology Agglomeration and the Labor Market: The Case of Silicon Valley, In: Kenney, M.(Ed.): Understanding Silicon Valley. The Anatomy of an entrepreneurial Region. Stanford: Stanford University Press, S 124-140.

DELKO, K. (2013): Selbst ist das Silicon Valley. In: Neue Züricher Zeitung, Finanzen. http://www.nzz.ch/finanzen/aktien/uebersicht_aktien/selbst-ist-das-silicon-valley-1.18198243. (13.03.2014).

KENNEY, M.; FLORIDA, R. (2000): Venture Capital in Silicon Valley: Fueling New Firm Formation, In: Kenney, M.(Ed.): Understanding Silicon Valley. The Anatomy of an entrepreneurial Region. Stanford: Stanford University Press, S 98-123.

KREUS, A. ; RUHREN, N. (2008): Fundamente Geographie, Geographisches Schulbuch. München, Klett Verlag.

LAUX H.D. , THIEME G. (o.J.) : Silicon Valley (Santa Clara County) – Computerindustrie. In: Diercke Karten. http://www.diercke.de/kartenansicht.xtp?artId=978-3-14-100700-8&stichwort=Silicon%20Valley. (17.03.2014)

NUHN, H. (1989): Technologische Innovation und industrielle Entwicklung: Silicon Valley – Modell zukünftiger Regionalentwicklung? In: geographische Rundschau (41): 5. S. 258 – 265.

SAXENIAN, A.L. (1994a): Regional Advantage: Culture and Competition in Silicon Valley and Route 128. Cambridge, Harvard University Press.

SAXENIAN, A.L. (1994b): Lessons from Silicon Valley. In: Technology Review (97) 5, S. 42-51.

STERNBERG, R. (1994): Technologiepolitik und High – Tech Regionen – ein internationaler Vergleich. Münster: LIT Verlag.